Agri-Food Kingdom

農と食の王国シリーズ

おいしい山野菜の王国

～自然な山野菜の薬効成分と採り方・育て方・食べ方～

桜庭 昇 著

一般社団法人ザ・コミュニティ 編

まえがき

清らかな自然の中で育っている山菜は、なんでも簡単に手に入れられる現代において、その希少な価値が多くの人を惹きつけている。

高級な料理、様々な世界の食材がお金さえあれば簡単に食することができる環境の日本において、自然界である時期にしか自生しない山菜は、そう簡単には口にすることができない。山菜は簡単に量産できず、流通させるのもむずかしいのである。一部、ウド、蕗、タラの芽などは畑で栽培し出荷しているものもあるが、自生のものとはやはり味わいが違っている。

私は昭和25年頃から、兄に連れられて山菜取りに近くの山に出かけては、たくさん収穫して背負って帰り、父親にほめられた。ほめられることで、また次も喜ばれる山菜を探しに山へ入った。このことで自然に、どの山菜がどのような地形に生えているのか分かるようになった。これを本書でお伝えしたい。

山菜には優れた薬効成分をもつものがあるので、これも紹介する。あらかじめお断りしておくが、薬効成分が多く含まれているといってもすでに発病しているものを治すものではなく、病をふせぐものとしてとらえていただくとありがたい。

なお、経験から、畑で無農薬の野菜をつくることのむずかしさも記させていただいた。

また、自然に群生している植物には、からだによい山菜と間違えやすい有毒な植物もあるので、写真にて確認できるようにした。山菜採りのお役にたてれば幸いである。

目次

第1章

山菜の採り方

山菜の生えていそうな地形の見分け方

山菜が自生するにはまず水が豊富にないといけない。1つめのポイントとしては、山からたくさんの水が流れていることである。しかし、水源のほうで汚水を流しているようなところはやめておいたほうがいい。

2つめのポイントは、山の傾斜が緩やかで、落葉樹林地帯、適度に日光が届いているところがよい。日当たりが良すぎる山菜は「アク」がつよく、苦み、えぐみがある。松林や杉林の近くではあまり山菜がみられない。木の油分が強いからではないかという説もある。

3つめのポイントは入山する周辺に下草、つまり雑草が生えていること。山のふもとに雑草も生えていないような養分の乏しい山には、山菜も生えないと判断した方がいい。入山して歩き始めた足元に貧弱ながらも、山菜が2〜3本でも見つけられたら、収穫の見込み大である。

山菜取りの注意点

山菜を探すときは、危険はないか十分に目配りすることも必要である。山菜１種類にしぼらず、足元すべてに目を配るとよい。１種類の山菜を見つけると、その近くに別の山菜が生えていることが多々あるからである。１種類の山菜にとびついて、他のものを見逃してしまうのは残念である。

山菜の採れそうな山であっても、近くに人家がある山は個人の所有かもしれないので、入山する前に断っておいた方が無難である。

断られる場合も多いが、中には快く許してもらえることもある。私は青梅市の山に年に数回、山菜採りを楽しみしているところがある。入山したところ、山の持ち主にばったり出会い、こんな山菜をとらせてください、と収穫したものをみせてお願いしたら、「いいよ」と快くお返事をいただいた。ただ、私にとっては貴重な山菜でも、その方には「なんだ、草か」と言われびっくりした。

何年か前に、地方の山間の集落で、村おこしの名目で「山菜取りツアー」を企画した町村があった。取りきれないほどの山菜を目玉に、その付近の宿や温泉を利用してもらおうという企画であった。これは大当たりし、大盛況となったが、数年で中止となった。それは、山菜は自生のものであるのに、乱獲してしまったり、根を踏みつけたり、芽を踏みつぶしたりしてしまったために、翌年に生えなくなり、仕方なく中止となった。

山菜採りには、あまりのびすぎたものは採らないで翌年のために残すとか、小さすぎるものは、次の人の分として採らないとか、ルールがある。例えば、タラの芽は1本の木から数本しか芽がでない。これを全部とってしまうと、翌年は生えてこないのである。芽を全部採ってしまわないで、何本かは残すのである。それで、翌年同じところに同じように生えてくるのである。これは山菜採りの鉄則であって、必ず守るようにしたい。

山菜やキノコの生えている場所は親子でも教えない、と昔から言われていることでも分かるように、収穫ポイントを見つけるのは大変なことである。

山菜採りの好きな友人が、その友人を連れて山菜採りにでかけたところ、その翌年には教えた友人にすべて採られていて、収穫がゼロだったという話を聞いた。最低限のルールを守れる友人と山にでかけるのはとても楽しいが、こうなってしまっては悲しいことだ。

私が山菜の生えている場所を探す手段としておこなっているのが、その地方の「道の駅」

にいくことである。その地方で採れる山菜が売られている。どんな山菜が採れるのかの目安となる。また、店員に山菜の料理の仕方を聞くと美味しい食べ方を教えてくれる。

山菜の豊富な山間部の集落では、山のものはタダという感覚のようだが、実際に山に入ってみると大変な労力と、根気と、危険も伴う。山菜の新芽は動物にとってもごちそうなのだ。熊などの対策として、鈴や蚊取り線香も有効である。何より、数人で離れず、大声でしゃべりながら歩くのが一番効果があるようだ。熊は本来、臆病である。

熊の好物は、根曲り竹で、他には蕗の葉（茎は食べない）など。食べられた痕跡をみたら要注意である。

栃木県栗山村から湯西川温泉方面に向かう林道でキノコの生えていそうな山に入ったら、足元に人間並みの太い糞があった。もしやと思って周辺を警戒しながら歩くと、大きな熊がもくもくとドングリを食べているではないか。私はキノコどころではなく、音をたてずにそっと車の中に退散した。この周辺は山菜も豊富で、秋のキノコは楽しみにしていたが、それ以来、入山をやめた。

山菜の種類と調理法

フキノトウ（キク科）

フキノトウは前の年の10月頃からすでにフキの株中心に豆粒のようなつぼみがついていて、雪解けが待ちきれないように育ち始めている。フキそのものが生えるのはおおむね6月頃。私は畑にもフキを植え、観察しながらいただくこともしばしばある。

豆粒のようなつぼみを刻んで、みそ汁の最後にサッと浮かべていただくが、その香りは絶品である。

フキノトウは天ぷらにしても、香りとほどよい苦みがたまらなくおいしい。

大きく育ち過ぎたものでも、花の部分をのぞいて（花はモサモサしておいしくない）、茹でて酢味噌、胡麻和え、マヨネーズでいただいてもおいしい。

茹でて、細かく刻み、味噌とねりあわせたものをあたたかいご飯にのせて食べるのも風味をあじわえておいしい。ただし、生のまま刻むと仕上がりが真っ黒で、見ためにはあまりおいしそうに見えない。

シドキ　別名：モミジガサ

関東の山々でシドキの生える時期の目安は、桜の花が散る頃である。その頃が若々しく、まだ完全に葉も開いておらず、一番食べごろのものが採れる。

青梅市の山中や、名栗、秩父地方、群馬県草津方面、神流町などで4月中旬から5月上旬に生えている。

一見ただの草のようだが、群馬県のある道の駅では、1パック300円くらいで売っていて、そのおいしさを知っている人にとっては高級な食材である。

葉がモミジに似ている。シドキと間違えやすいのが、「ヤブレガサ」「ニリンソウ」それから有毒の「トリカブト」などがある。

ボンナ

お盆のように、丸みのある傘をつけていて茎の内部は空洞のものと、そうでないものもある。若いうちは、茎を折ると、ポンという手ごたえがある。水気の多い、半日陰の場所でよく見かける。5月中旬頃、新芽がでてくる。

長野県栄村、鳥甲山（2230メートル）の麓の秋山林道沿いの沢で見かけた。

私のふるさと、秋田県能代市二ツ井町の山中には大群生地があるようで、毎年立派なボンナが採れる。関東周辺では発見したことがなく、やはり、長野など雪の多い地方に生えているようだ。

茹でておひたしにするのが最も風味を感じられて

おいしい。香りがフキに似ていてシャキシャキした歯ざわりがとてもいい。

ミヤマイラクサ　別称：アイコ（秋田地方の呼び名）

茎に毛のようなトゲトゲがあり、素手で採るとチカチカとした痛みがしばらく続くので手袋（できれば革製）が必要である。5月中旬から6月上旬に採れる。

根元は少し赤色で、上部は緑色、葉はシソの葉に似ている。湿り気の多い沢などに生えている。長野県栄村、秋山林道沿いの沢で見つけた。群生している場所もある。

茹でて皮をむくと、つるんとした茎があらわれる。しょうゆで食べると甘味がある。マヨネーズでいただいてもおいしい。

山ミツバ（セリ科）

山の林道沿いに生えている。日当たりを好むので、山中には見当たらない。

刃物で、茎のみを採るようにして、葉と根は必ず残すこと。それで来年もまた同じところに新芽が生える。

よく似た偽ミツバがあるのでよく確かめること。1本とってみて根元の香りがあるかないかでわかる。偽ミツバは香りがまったくない。

茹でておひたしにするのが最も香りが楽しめておいしい。胡麻和え、クルミ和え、マヨネーズとも相性がよい。また、天ぷらにしてもよいし、みそ汁の具としても上品な香りを楽しめる。

高血圧、頭痛、肩こり、消炎、歯痛、鎮静効果、痰の切れ、風邪、生理痛、下痢、歯ぐきの腫れ、捻挫に良いと言われている。

山ウド（ウコギ科）

多年草で水気が多く、水はけのよい半日陰の斜面でみかける。日当たりが良すぎると「アク」が強くなる。

長野と新潟の県境の山中や、沢沿いに生えていた。株の大きいものになると10～15本くらい生えているので、収穫が楽しくなる山菜である。ただ、10本あったら3本くらいは残しておくようにしないと、すべて採りつくすと翌年にかれて生えてこないことがある。

採りたてのウドは生で食べることができる。味噌をつけて食べるとさくさくとした歯ざわりと、風味を楽しめる。天ぷらもおいしい。あとは、おひたし、胡麻和え、きんぴら風に炒めるのもおいしい。

大きく育ち過ぎたウドは皮がかたくなるので剥く必要がある。その皮は捨てないできんぴらのように味付けして調理するとおいしくいただける。

神経痛、リューマチ、気管支炎、捻挫、頭痛、風邪、脳溢血、めまい、痔、関節痛に良いと言われている。

コゴミ、クサソテツ（オシダ科）

多年草で毎年同じ場所に生えてくる。半日陰で湿り気のあるところを探すとみつけられる。シダの種類は多く、見分け方としては、茎が三角形に近い形をしていること、茎の両脇が少し青みがうすく、やや白くみえることなど。

大きい株になると10本くらい束になって生えていて、生育条件の良いところには群生しているところもある。だが、１株のうち３本くらいは翌年のために残しておくこと。

天ぷらが特においしい。トロリとした食感と歯ざわりもよく、癖がなく、上品な山菜である。茹でてマヨネーズ合和え、胡麻和えがおいしい。

ユキザサ（ユリ科）

多年草で雪国に生えている。湿地帯で水が流れる付近で、しかもかなり山の奥深くに生息する。採ってすぐかじってみると甘い味がする。秩父の山中や群馬県、長野県、新潟県などで見つけることができた。多年草なので、一度生息する場所を見つけると、毎年同じところに生えるので楽である。

私が見つけた山中のユキザサはあまり太くはないが、北アルプスの針の木岳２８２０メートルの南斜面に太いミヤマユキザサが生えていた。針の木小屋の従業員が急斜面に這いつくようにしてユキザサをとってきて、根元のハカマ状の部分を取

り除いていた。私も手伝いながら、マヨネーズで食べるとおいしいと話したら、茹でたてのユキザサにマヨネーズをそえて出してくれたのを思い出す。

あとは北アルプスの冷地山荘から鹿島槍ヶ岳2889メートル間の斜面に生えていたものはとても太いものだった。

生えたばかりのユキザサと似ているのが、「チゴユリ」と「ホウチャクソウ」で、この2種は葉の付け根から枝がでているが、生えたばかりのものは非常に間違いやすい。ユキザサは生を噛むと甘いが、他の2種は苦みがある。

採るときは根ごとぬかないこと。

おひたし、胡麻和え、茹でてマヨネーズで食べるとおいしい。また、だし汁で煮て卵とじにしてもおいしい。

ゼンマイ（ゼンマイ科）

多年草で1株に数本生えている。中の胞子葉はとらないこと。食べられるゼンマイのクルリと巻いた葉先には白いワタ毛がついている。葉は滑らかなのに対して胞子葉はざらざらした感じで、1株に1本だけである。ゼンマイは採るのに非常に手間のかかる山菜で、良質のゼンマイは豪雪地の急斜面の日当たりの良い地形に生えている。昔は山に小屋を作って、米や味噌を持って寝泊りしながらゼンマイ採りをしたようである。

採ってきたゼンマイはワタ毛を取り除いて、茹で、天日で干してやわらかくなってきたら手もみを数日間続ける。やっとできあがった干しゼンマイは、量が、採ったときの10分の1に減ってしまう。

湯でもどし、やわらかくなったら油揚げなどと煮付ける。胡麻和えも良く、いくら食べてもあきない。

しかし、ゼンマイは万人向きの山菜ではないようだ。ワラビのようにアク抜きをしても苦みが強く食べられない。地方によっては入山禁止のところもある。

ニリンソウ（キンポウゲ科）

多年草で、わりと日当たりのよいところに群生する。足の踏み場がないくらい、というほどの大群生をみつけたことがある。イチリンソウとかサンリンソウもあるが、食べられるのはニリンソウだけである。

ニリンソウと同じような生育条件で似たような場所に生えて間違いやすいのが、トリカブトである。有毒な植物である。トリカブトの葉先は少し鋭くギザギザになっている。ニリンソウは葉の上にすっとのびた茎を2本のばし白い花をつける。花をつけても充分食べられる。歯ざわりもよく、茹でて和えもの、天ぷらもおいしい。アクはまったく感じられない。

アマドコロ（ユリ科）　漢方名：萎蕤（イズイ）

多年草。山中の半日陰を好んで生えている。大きな株になると50本くらい花芽をつける、新芽が出たばかりのところはアスパラに似て、すっと茎がのびている。葉には筋が直線的についている。葉が付き始めるとのけぞるようになり、一方向だけに葉をつけて茎の下に白い小さなちょうちんのような花が２つずつぶら下がる。

私の畑にも研究用に約30年前から植えている。大きな株に成長し、毎年30～50本くらい新芽をつけている。この新芽はアスパラガスに勝るとも劣らないほど甘くておいしい。

また、ひらたくまるっこい根の部分を掘って、薬草酒を作り、ほぼ毎晩飲んでいる。味は朝鮮人参酒と似てい

る。

寒さに強く、畑の土からでていても霜にも凍らずたのもしい薬草とみている。

花芽はサクサク感とトロリとした食感であるが、球根は筋っぽく固いが甘みがある。両方とも滋養強壮に優れている。

豪雪地帯の山奥に行かないと見ることができないが、山野草の売店や地方の道の駅、屋台売りでも見かけている。長野県栄村の道の駅でも売っていた。

茹でてマヨネーズをつけて食べると絶品である。

咳、喉の渇き、肌のシミが消える、貧血、風邪、低血圧、発熱、痰、滋養強壮、脳卒中、心臓病、関節痛、神経痛、肩こり、便秘、下痢、冷え性、ガン予防、胃炎、胃潰瘍に良いと言われている。

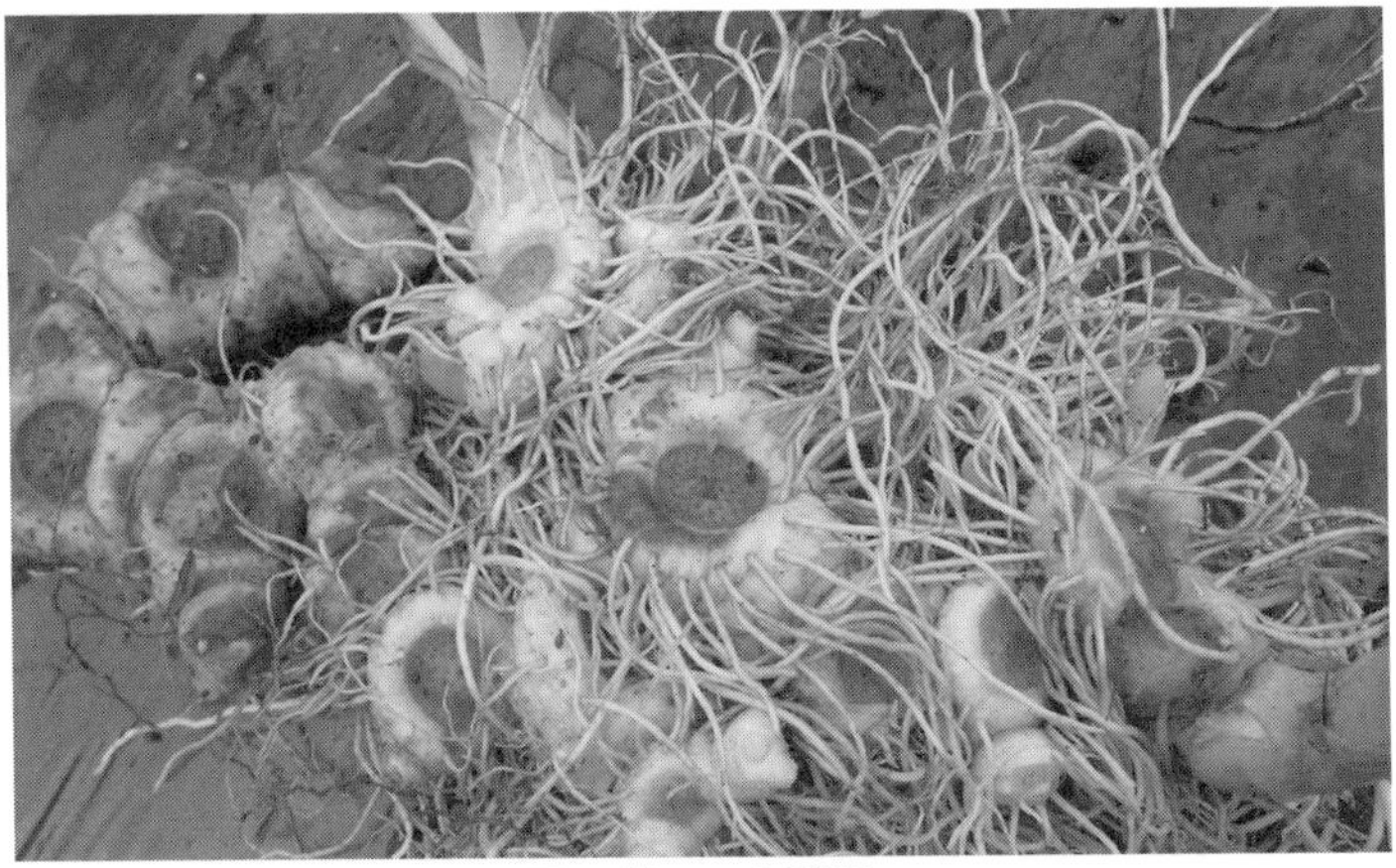

アマドコロの球根
丸みの中心で黒く見える部分は前年の花芽がつった部分

アマドコロの群生　実は１株

ナルコユリ（ユリ科）　漢方名：黄精（オオセイ）

ナルコユリとオオナルコユリがあるが、大きさの違いくらいでほぼ同じである。半日陰の山林で見かけることができる。群馬県神流町の山中で見かけた。畑の土手などに群生していた。

秋田県能代市二ツ井町の米代川沿いの山林に大群生があった。数本採取し、私の畑に植えて観察しているが、毎年芽を出してくれている。

長野県野沢温泉方面の山中でも見かけたが、国立公園の一部かもしれないので、採取はやめておいた。

ナルコユリは地下茎で、広く茎をのばして増えていくようだ。アマドコロの球根は丸いが、ナルコユリの地下茎は木の根のようにのびていて、太さはバナナくらいである。

地下茎には無数の細い根がびっしりついている。花芽は食べても苦みがあり、甘味はすくない。地下茎の根を取り除いて洗って、35度の焼酎で薬草酒を作った。砂糖は発酵する心配があるのではちみつで甘味をつけると、アマドコロの薬草酒と同じような味がした。

薬効も、アマドコロとほぼ同じことが言われている。

ナルコユリの地下茎

シオデ（ユリ科）

多年草で毎年同じところに生える。地表にすっとのびた新芽は山のアスパラガスと呼ばれ、珍重され、甘味がありおいしい。マヨネーズや胡麻和えもよい。

日当たりの良い低木地に生えている。あまり背の高い林には生えていない。新潟地方の山で数本見つけたことがある。

あっというまにつるになって、線香花火のような花をつける。1度場所を見つけたら毎年同じところに生えるので、楽な山菜である。

ワラビ（イノモトソウ科）

多年草で、牧場や草刈り場などに生えている。

秋田民謡の一節に「〜〜〜日かげのワラビだれも折らぬで〜〜」というのがあるが、あまり日当たりの良いところに生えたワラビはアクが強いし固い。木漏れ日のあたるような半日陰の山林のワラビは青々としてやわらかい。生え出たばかりの、葉先が下向きで腰が曲がっているようなワラビは特にやわらかく苦みも少なく、とろけるようなねばりもありおいしい。

ワラビにはアク抜きが必要である。用意するのは、底の平らなバットがあればよいが、なければボウルか鍋と、重層もしくは草木灰。

洗い終えたワラビの水を切り、あまり高さがでるほど重ねないように並べ、ワラビの上に重層をふりかける。ワラビが隠れるくらいふりかける。その上から熱湯を、白い重層がとけるまでまんべんなくかける。ワラビが湯から出ていないようにたっぷりかける。湯から出てしまったワラビは黒く仕上がってしまう。

注ぎ終わったら、蓋のかわりに紙か新聞紙をかけて12時間くらい放置する。アク汁が十分冷えたら、水洗いをして食べることができる。草木灰でも同じ。ワラビをビニール袋に入れ、ビールの空きビンなどで軽くたたく。これをわさび醤油か削り節などで食べるとねばりと歯ざわりを楽しめる。

ワラビは群生して生えていることが多い。上から見るより、しゃがむような目線でみるとたくさん生えているのを見つけやすい。1本採りながらまた次を探すという採り方がよい。ただ採っていると、振りかえったらあとに太いワラビがにょきにょきと採り残していたということがよくある。くるりと曲がった葉の部分は食べない方が良いという説もある。

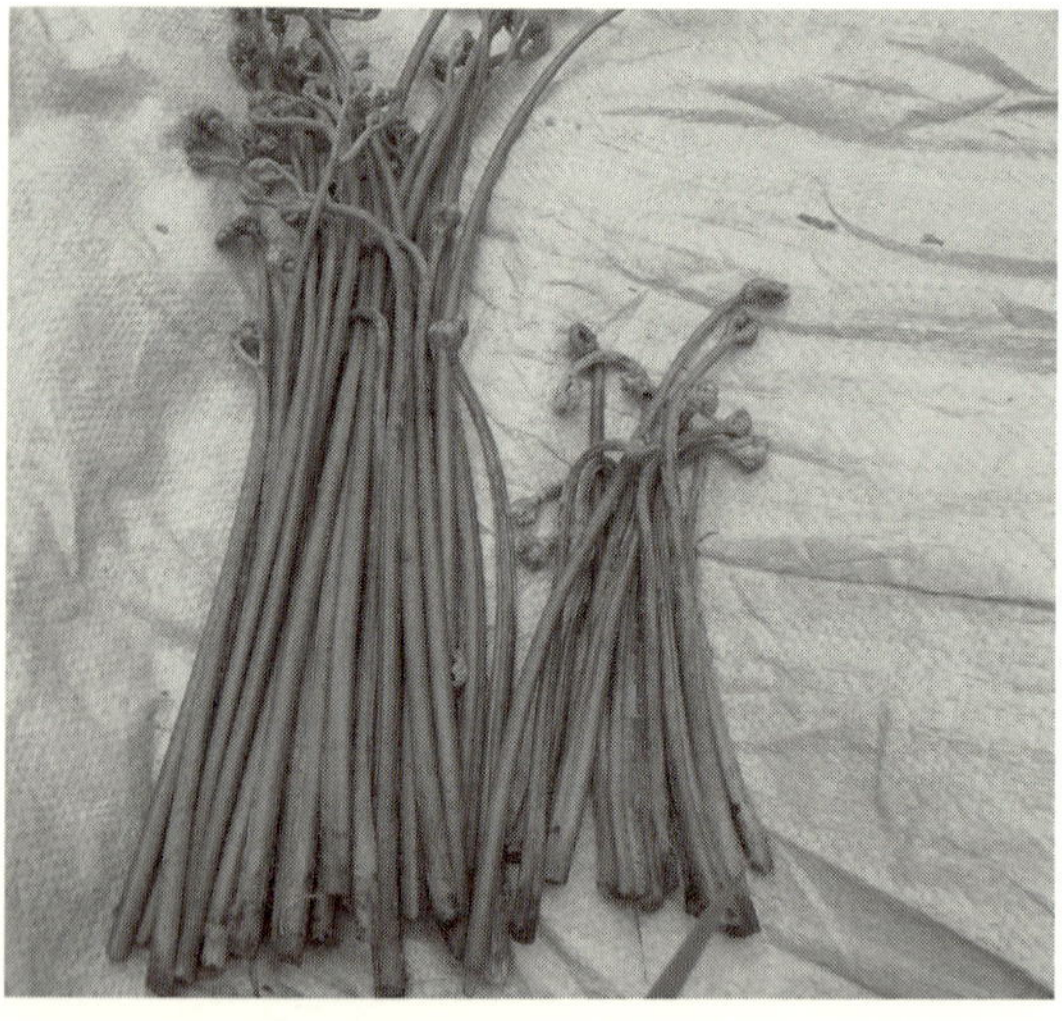

シシウド（セリ科）

多年草、田舎の山中で日当たりの良いところにたくさん生えているが、あまり採って食べない。

群馬県、長野県、新潟県の山中で見かけた。大群生をなしているところもある。葉は大きく広がっていて、ツルンとした茎がすっと立ち上がり、３本の茎にわかれて葉をつける。葉の開いていない茎葉を茹で、10時間くらい水にさらすとアクが抜ける。

葉がひらいてしまっても、茹でて茎の皮をむくとサクサク感を楽しめるが、おひたしにしてみたが苦みは残った。

それほど山奥に入らなくても採れるのだが、みな、シシウドを食べられるとは思っていないようだ。

行者ニンニク　別名：ヒトピロ、ヤマピル、エゾネギ

北海道の山中にはたくさん自生している。農家では畑で栽培し、エゾネギとして販売している。関東地方のスーパーでは、かなり高めの値段がついている。

私も長野県の道の駅で、苗を買って植えてみた。すでに30年は過ぎている株がある。順調に育った株は30〜40本くらいに株わかれをして、大きな株に育ったものもあった。

観察しているが、ボールペンくらいの太さになるまでに10年ほど要し、花芽がつくまでに10年以上、気長に待たねばならない。

苗を売っている販売店でも手に入るが花芽のついた太いものは1本1000〜1500円くらいの値段がついている。

畑や鉢植えで植えても夏から秋にかけて枯れてしまうが、根は生きている。根っこの部分は茎や葉の背丈と比較して長い。ニラの根も長いが、行者ニンニクの根も長い。葉がまだ十分開いていないうちに、生で味噌をつけて食べるととても辛い。ノビルの球根などと同じくらい辛い。

茹でておひたしにすると甘味があり、ニラに似た味がする。胡麻和え、マヨネーズ和え、油炒め、だし汁で煮て卵とじ、あまり衣をつけないで揚げた天ぷら、みそ汁の具、生で刻んで薬味、すき焼きの野菜として加えてもおいしい。

湿原に近いジメジメしたところに群生している。2本から3本に分割した年数の経過した株もある。半日陰で育った者がやわらかくておいしい。同じような環境の場所には、コバイケイソウがよく生えている。

行者ニンニクもコバイケイソウも雪解けを待って、5月の下旬ころから6

月中旬にかけて芽を出すので間違いやすい。

見分け方としては、行者ニンニクは根元から茎はやや赤みがかっている。コバイケイソウは根元から茎にかけて白く、上部は緑色である。

ハイキングなどでおいしそうにみえるコバイケイソウの新芽を誤って食べて、中毒をおこすことがある。吐き気やめまい、下痢などをおこす。しっかり種類を特定できた山菜しか食べないようにするのがいい。

また、葉の形がスズラン（有毒）に似ているので注意が必要だが、自生している行者ニンニクとスズランが同じところに生えているのを見かけたことがない。

行者ニンニクの根元を嗅ぐと、強烈に辛いにおいがツンとくる。このにおいこそが薬効成分の硫化アリルという成分である。ネギの10倍、ニンニクの4倍含有している。

生えているところは長野県、群馬県、新潟県方面でみつけたが相当、山奥に入らないと見つけられない。かなり山歩きに慣れ、道のないヤブコギや沢づたいに迷わず歩けるように上達してから探すのがよい。目標のない山中で迷うのは、最悪の事故につながる。

血小板凝集防止、血栓溶解、動脈硬化、ガン予防、体力増強、滋養強壮、疲労回復、血圧安定、視力回復、内臓脂肪減少、肌荒れ防止に良いと言われている。

スミレ（スミレ科）

多年草で球根さえ抜かなければ同じ場所に生える。スミレの種類はたくさんあるようだが、食用にむいているものにオオハキスミレやスミレサイシンなどがある。

雪解け後のスキー場で群生して咲いていた。うすむらさき色の花をつけるスミレサイシンと、黄色の花をつけるオオバキスミレはやや葉が丸みをおびているが、葉先はツンと三角形になっている。スミレサイシンの葉はツルリとしているが、オオバキスミレはザラリとした感じで青じその葉にも似ている。

他に白い可憐な花をつけるツボスミレもある。いずれも食べられる。

可憐な花を食べるのは多少気がひけるが、茹でておひたしが最も味を楽しめる。ぬめりや歯ざわりが良く、クセもなくおいしい。

ユキノシタ（ユキノシタ科）

山中の沢づたいの、水気の多いところに生えている。地下の根を延ばしながら増える。あまり大きくならないので、庭園の水場付近にも植えられることがある。わが家の軒下にも生えていた。茹でておひたしにしたが、モソモソとした食感で味もいまひとつであった。

ダイモンジソウ（ユキノシタ科）

多年草。山の崖など清水がしたたり落ちるような場所を好んで生息する。イワタバコも同じような条件の場所に生えている。

丸みのある葉はツルリとしていて、水滴がふりかかりキラキラと輝いている。

ダイモンジソウはユキノシタと違って、茹でておひたし、天ぷらにしておいしくいただける。クセがなく、トロリとした食感を楽しめる。

群馬県神流町の山中で見かけたが、ワサビが育つような冷たい清流のあるような場所はなかなかないので、見つけるのはかなりむずかしいであろう。福島県まで行けば見つけられるようだ。

イワタバコ（イワタバコ科）

多年草。ダイモンジソウなどと同じような条件の山中に、崖にへばりつくように生えている。葉先はギザギザの形で、葉の形は桜の葉に似ている。背丈はあまりなく、岩の割れ目から葉がぴょんとのぞくように生えている。

夏場にすっとのびた茎に可愛らしい花をつける。山野草らしい花だが、根ごと採取して植えても育たない。

初春、まだ花芽をつける前の若葉を食べてみたが、苦みが強くておいしくなかった。以来、採るのをやめて花を楽しむことにしている。

ミズナ、ウワバミソウ（イラクサ科）

多年草。ミズナはダイモンジソウやイワタバコなどと同じ条件地を好んで生えるが、沢の水が多く、滝のように水しぶきが降りかかるようなところに生えている。ミズナと呼ぶ由来は、おおかた水気のあるところにしか生えないからと考えられる。

根元が赤いものと青い青ミズナがある。根を採らないで残しておけば、翌年も同じ場所に生える。根の部分がトロリとしておいしい。細い根を取り除くのと、上部の青い部分の皮は硬く、口に残る。

料理の際の下ごしらえは、葉はおいしくないのでのぞく。茎と葉の付け根に少し爪をたてるとそこからポキリと折れる。折れるが皮もついてくるので手を左右に動かしながら皮をはがす。次の節（葉の付け根）をまた爪をたてて折る、この繰り返しでできあがりは約5センチくらいの長さになる。ここまで下ごしらえができるといろいろな料理に使える。

酒、醤油、タカの爪など入れて弱火で炒める。徐々にミズナ自体から水が出てくる。ある程度まで炒め汁が少なくなったらできあがり。ミズナはクセがあまりなく、アクもない

のでおいしい。
　おすすめは、牛バラ肉とあわせてすき焼き風にするもの。あとは、みそ汁の具にしたり、秋田地方では皮をむかずに、包丁で細かく刻んだものに味噌をくわえて温かいご飯にのせていただくが、素朴な味でご飯がすすむ。
　根元の赤い部分が食感もともにおいしいところである。まさに春のごちそうである。
　秋田の兄から山菜が送られてくるが、ミズナが送られてくると、そろそろ山菜シーズンも終わりだなと感じる。最後に送られてくるのは、初秋の頃の、ミズナの実である。大豆くらいの大きさで、1本のツルに数個つらなってなる。これも、トロリとしておいしい。地方の料亭や旅館などで小さな小鉢にちょんと盛って出されることもある。まさに珍味であるが、ミズナと同じく特別な味はないが、味付けによって、高級食材となる。

新潟県と長野県境の山中で立派なものを見つけた。きれいな沢の水が豊富に流れているところに生えている。

ヨモギ（キク科）　漢方名：艾葉（がいよう）

多年草。雑草と思いがちだが、漢方薬の類に属しており、お灸のモグサの原料である。モグサはヨモギの裏の白い繊毛を精製したものである。

ヨモギは生命力が強く、いたるところに生えている。以前にはなかったことだが、今や山深くにも生えている。人が靴底に種をつけたまま入山すると、そこに根を下ろして生えてしまう。菜園などでは嫌われている。

なんといっても、深山ヨモギが最高である。アクも少なく太くて淡い緑色である。ヨモギは繊維が多くて、そのまま茹でただけでは口に残る。

　手で簡単に採れる、葉の先の部分だけを刻んで餅などに入れたヨモギ餅はおいしい。上新粉を蒸して、中に餡を包んだヨモギ餅も絶品である。

　奈良県の長谷観音にお参りした時に門前の店でよもぎ餅を食べたが、これがおいしいので次の年に寄り道をして買いにいったことがある。

　しかし、ヨモギは生命力が強いため、畑などに生えたら大変な苦労をする厄介者である。ヨモギはどんどん根を張りめぐらすので大変である。

　食材店にヨモギ粉を売っているが、それ

より、新鮮な若芽を摘んで利用した方が、香り、苦味などあり、薬効成分も豊富である。

増血、浄血、心臓病、腹痛、風邪、下痢、血行不良、滋養強壮、痔、冷え性、腰痛、ホルモンバランスの調整、咳止め、子宮機能の正常化、慢性気管支炎、血圧降下、神経痛に良いと言われている。

ネマガリタケ（イネ科）別名：チシマザサ

姫竹とも言われる。群馬県の万座温泉方面で採れたと教えてくれた人がいた。

志賀高原の方では、入山料を払ってネマガリタケを採らせてもらえるところがある。採っている人に話を聞くと、近場のホテルや旅館などで買いとってもらえるので、よい小遣い稼ぎになると言っていた。

ネマガリタケは冬眠からめざめた熊にとってごちそうであるので、入山する時は鈴をつけたほうが賢明である。私は鈴の他にも蚊取り線香や小型ラジオを持って行く。

もうひとつ気をつけたいのは、道に迷うことである。たけのこは次から次へとニョキニョキ生えているので、それに夢中になるので最も迷子になりやすい。

たけのこは皮ごと焼いて、マヨネーズで食べると上品な甘さがたまらなくおいしい。味噌汁の具、煮付ける、天ぷらにしてもおいしい。

収穫はおおむね6月の上旬からで、標高の高い山では少し遅れる。

ネマガリタケの他に、ササタケノコもある。ネマガリタケより少し背丈が低い。タケノコも細長く日当たりのよい山中に生えている。

タケノコ狩りは最盛期を過ぎると虫が入っているものも多いので、1本1本確認した方が良い。

ヤマユリ（ユリ科）

球根を食す。真夏に白い花をつける。日当たりのよい畑や土手などにも生えている。茎が枯れるころに球根が太るようだ。頃合いをみて掘り、植え替えないと絶えてしまうようである。

私も畑や空き地に植えてみたが、植え替えしなかったら3年目くらいで芽が出ず、球根も消えてしまっていた。

秋田の山奥に兄と2人でユリ根を掘りに出かけたが、かなり広範囲にわたって1メートル以上伸びた茎に、香りを漂わせた白い花をたくさんつけたヤマユリを見つけた。花があるので見つけるのも簡単で、掘るのも容易であった。草原など日当たりの良いところに生えていた。これは60年以上前の話で、近年は山中であまり見かけない。

球根の鱗片を1枚ずつ剥がし、煮て、砂糖をくわえるとおいしい。金時豆のようである。今やユリ根は高級食材でなかなか手に入らない。

山間部の日当たりのよい畑で栽培しているのを見た。開花前のつぼみはつんととがっているのですぐ分かる。今度手に入ったら、球根の鱗片を1枚ずつ剥がして植えてみることにする。

ワサビ（アブラナ科）

天然のワサビはそう簡単に見つけられない。沢沿いの冷たい水が流れていて湿った場所を探すことである。近場や上流にワサビを栽培してその種が流れ着いて自生したところとか、昔、ワサビ栽培をしていたがやめてしまった後に自生しているのを探した。

ワサビは根の部分が貴重なのだが、自生しているものは根こそぎ採らないで残し、葉や茎（花芽をつけている）だけを採る。しかも、1株のうち全部は採らず次の年も生えるように残して

おく。

黄緑色の若葉と、つぼみをつけている花芽がおいしい。生を摘んで噛んでみると苦味がある。葉と花芽を、塩をひとつまみ入れた熱湯にくぐらし、1～2秒であげて冷水で冷やす。よく水気をきって、適当な大きさに切りビニール袋にいれて塩を軽く加えてもむ。数時間冷蔵庫でねかせる。鼻にツンとくる苦味がおいしい。

ワサビの仲間にユリワサビ、根ワサビがある。私の実家の畑には根ワサビが植えられていた。根ワサビの葉は大きく長っぽい。根ワサビの根は切ると白い。生のままおろし金ですりおろして食べると、清流栽培のワサビに負けず劣らずおいしい。甘みもある。埼玉でもこの根ワサビを栽培しているのを見かけたことがある。

清流のワサビは5月中旬頃、群馬県の山中で数カ所発見した。

ギシギシ　漢方名：羊蹄ようてい

皮膚病全般に効くと言われている。たむし、疥癬、かゆみ、ただれなど。

ギシギシの根は根ワサビに似ているが、切るとギシギシは黄色い。

自然薯（ヤマイモ科）　漢方名：山薬（さんやく）

自然薯掘りりはかなりの重労働である。

中国では、この自然薯料理がお客様をもてなす最高のおもてなしとされるようだ。日当たりの良い雑木林で、さらに竹やぶなどあるところに生える。9月から10月頃に葉が黄色に色づくので、その頃に根元に印をつけておく。かなり太い芋づるでも、根元は細く、上のほうが太くなっている。

霜の降りる頃がアクもなくおいしくいただけるのだが、その時期に掘るにはかなり困難な作業になる。

11月頃に、葉と葉の間のつるがポキポキと折れて落ち、わからなくなってしまう。その頃に年数のたったものにはムカゴがたくさんつく。ムカゴは塩ゆでにしていただくととてもおいしい。かき揚げにしても絶品である。

私は近年、12月から翌3月頃まで掘っている。前年に葉を見つけ、木の枝を逆さにさしこんで（逆さまにさすと、芽吹かない）目印にしておく。

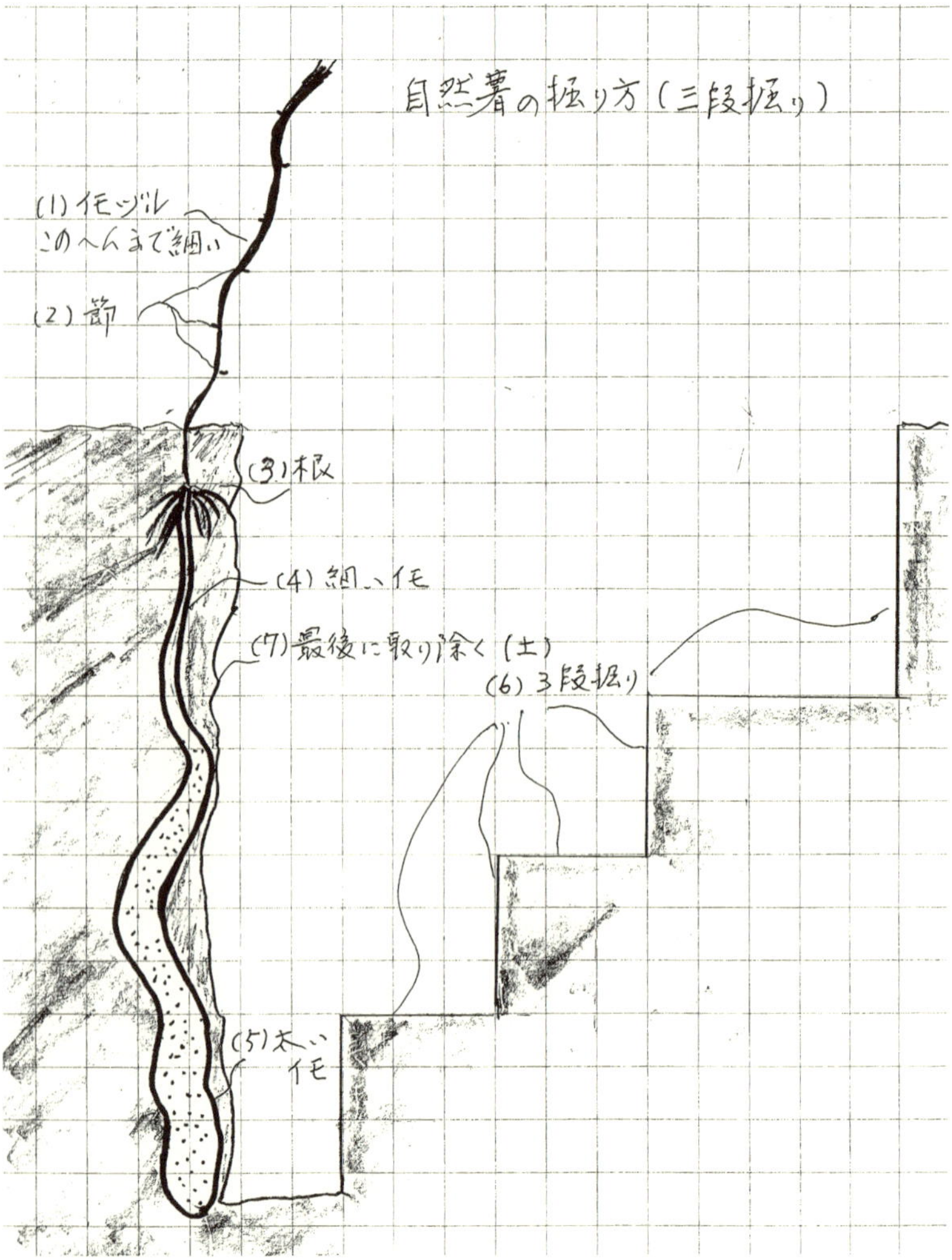

自然薯の掘り方(三段掘り)
(1)イモヅル
このへんまで細い
(2)節
(3)根
(4)細いイモ
(7)最後に取り除く(土)
(6)3段掘り
(5)太い
イモ

霜が降りる頃より前に掘った芋は、アクが強く、料理の下ごしらえをしていても手がかゆくなったり、食べても口がかゆくなったりする。

掘り方は、まず、芋づるの回りの竹や下草を取り払う。掘った土の置き場所をつくる。掘った後に土を埋め戻さなければならないので、一カ所に集めておく（埋め戻しをしないと、他の人が穴に落ちてしまう）。

掘り始めは広く、目印から離れたところから掘り進める。芋の回りの土を除くのは最後にする（初めから芋がみえるほど掘ると、簡単に折れる）。掘り始めの上部の芋はガッカリするほど細く、深く掘るにつれ、太くなっていく。長く大きな芋を掘ろうとするなら、2段掘り、3段掘りと、階段をつくりながら掘らねばならない。

掘りあげると、芋とツルの間に数本の根がついている。これが種となるので、15センチくらい芋を折って、同じ穴（あまり深くなく、地表から15センチくらいのところ）にうめておくとまた生えてくる。ただし、大きくなるのに数年必要である。実のムカゴを植えて1年で小指くらいの太さにしかならない。

自然薯は自身の芋を養分として成長している。掘り終えた芋の脇に、前年の芋の皮だけが残っていたりする。

調理方法。芋の皮はむかないで、細い根は焼きとる。とろろご飯がおいしい。

自然薯をすりおろすと、つきたての餅くらいの弾力がある。かなり固めである。これを冷たいだし入りの味噌汁でのばしていくのだが、根気が必要である。最初はスプーン1杯くらいから始める。溶け込んだらもう1杯、と、少しずつ好みの濃さになるまでゆるめていく。とろろご飯はおいしくいくらでも食べられ、ついつい食べ過ぎてしまうが、消化酵素が含まれているので良い。

他にも、すりおろした芋の天ぷらは絶品である。また、マグロのぶつ切りにあわせた山かけ、牛バラ肉や糸こんにゃくとの煮付けもおいしい。

滋養強壮、夜尿症、腎臓に良いと言われている。

煮たような条件地に生えているものに、「トコロ」という芋がある。自然薯の葉はやや長く、先端がとがっているが、トコロは丸い形をしている。

自然薯と良く間違って掘る。年数のたっている自然薯のすぐわきに2~3本大きいのが一緒に生えていることがある。

サンショウ（ミカン科）

自生のサンショウの木は、日当たりの良いところに生えている。群生しているところは見たことがないが、たいていの山で１～２本は見かける。５メートルほどの大木に成長しているものもあった。バナナより少し太めのサンショウの木の幹は「すりこぎ棒」として使える。木や皮にも薬効成分が含まれているから良い。

孟宗タケノコが出回る頃、サンショウには若葉が出てくる。ヌカを入れ茹でたタケノコに、サンショウの若葉と味噌をあわせた薬味をつけていただくのはとてもおいしい。料理旅館などでも出されることがある。タケノコとサンショウの風味は

良くあって、春一番のごちそうである。

サンショウの木にはするどいトゲがあるので、皮の手袋が必要である。それでも対応できないほどで、タオルなど数回折りたたんで枝を引き寄せ、新芽や若葉を採る。

私の畑にも1本植えているが、そろそろ採り時かなと思うと、葉のほどんどをアゲハチョウの幼虫に食べられてしまっている。私はまだ自分が植えたサンショウの若葉を一度も食べたことがない。

山中でサンショウを採る時は2人がかりで採るとよい。1人が枝をひきよせ、1人が若葉を採るというように役割分担すると容易である。

胃もたれ、食欲増進に良いと言われている。

ナシカズラ（マタタビ科）

実がキウイフルーツによく似たツル科の植物で、私は幼年の頃から、父や兄がとってきたナシカズラの実を食べていた。味も、見た目も小さなキウイフルーツといったところでそっくりである。形は似ているが小さく、大人の中指くらいである。

雄雌株で、それぞれの株を植えないと実がならない。

3月から5月頃、白い花を咲かせて、7月頃に小さな実をつける。高い木にツルがからまって、たくさんは採りづらい。

イタドリ（タデ科）　漢方名：虎杖根（コジョウコン）

繁殖力が強く、どこにでも生えている。雪深い山中に生えているのは太くおいしそうだ。子どもの頃に、塩を持って行って、若々しい新芽を採り塩をつけて食べた記憶がある。

長野の山中でたくさん採っている人を見かけたので、どのように料理するのか伺った。まずは塩漬けにしておいて、食べる時に塩抜きをして、油炒めなどして食べるようだ。西の方の方であった。東北人はイタドリはあまり食べないので、料理の方法は知らない。蓚

酸を多く含むので、過食は考えものである。
根の部分は利尿、膀胱結石、便秘、急性黄疸型肝炎、関節炎、リューマチ、月経不順、婦人病に良いと言われている。

タラの芽（ウコギ科）

漢方名：楤木（ソウボク）

タラの木を見つけるのは簡単である。枝はあまりなく、すっと伸びていて、木にはトゲがびっしりついている。タラの木の芽は青芽と赤芽の2種類ある。

群生地は見たことがないが、50本くらい集まって生えているのは見つけたことがある。木はあまり大きくならず、自然に枯れてもまたその周辺から新しい木が生えるようだ。群馬、長野、新潟などの山中で見つけた。

私が子どもの頃は、山に入るとたくさん生えていて、でも、トゲがあるため嫌われて誰も食べなかった。

タラの芽が出る頃に、ヤマウルシも似たような芽を出す。間違いやすいので気をつけたい。

私も、山中を歩きまわってウルシにかぶれ、全身が腫れて痒くなり、病院に駆け込んで注射をうってもらったことがある。ウルシの木にはトゲがないので、それで見分ける。

タラの芽は、絶対にすべての芽を採らないで、２本くらいは残すこと。トゲでけがをし

ないように皮の手袋をすること、など気を付ける。

タラの芽は天ぷらの食材として最高である。芽の根元は2つか4つ割りにして、火を通りやすくしておく。160℃くらいの油でゆっくりあげるとおいしい。中まで火がとおらないと、がりがりと固くおいしくない。

他には茹でて、胡麻和え、マヨネーズで食べてもおいしい。

木の皮や根に薬効成分がある。糖尿によく効くと言われている。糖尿病、腎臓、胃炎、胃潰瘍利尿作用、吐き気などに良いと言われている。

コシアブラ（ウコギ科）

コシアブラの木は成長が早い。数年で手の届かないくらいに大きくなる。ツルリとした木の先に、手のひらをひろげたように5〜6本の黄緑色の葉をつける。特徴のある葉である。

私は低山から2000メートル級の山まで歩くが、低山では見かけず、1000メートル級の山に生えるようだ。

群馬県、長野県、新潟県などの山中で見かけた。群馬県や長野県の道の駅でタラの芽とならんで売っていたの

で、実物を見てみるとよい。

コシアブラによく似たもので、「タカノツメ」というのもあるが、これはあまり見かけない。これも天ぷらにするとおいしい。

コシアブラの天ぷらはさらにおいしい。

衣は薄くつけること。いったん衣をつけたあとに、菜箸ではさんで衣をそぎ落として揚げる。高温でサクっと挙げたコシアブラの香りは上品で、クセもアクもなく、山菜の中では高級食材である。

山中で1本みつけると、その周辺にも生えていることが多い。小さい木には芽が1つしかついていないものもあるので、その場合は翌年のために残しておいて、採らないこと。たくさん芽のついている木から、全部は採らず一部残して採る。

ヤマトリカブト（キンポウゲ科）

毒性が強く、他の植物と間違いやすい植物。夏場に上品な紫色の花をつける。ニリンソウ、シドキなどの生えているようなところで見かける。すべてに毒性があるが、特に根の部分は猛毒である。

ドクセリ（セリ科）

食用のセリが生えている同じ条件のところに大群生しているところを見たことがある。群馬県の水気の多い山中であった。

よく観察してみると、葉先が鋭く尖り茎も太い。それに比べて食用のセリは葉先はやや丸みをおびて、香りがある。ドクセリは香りがない。食用セリは根も茎も葉もすべて食べることができる。東北ではキリタンポの具に使っている。一方、ドクセリはすべてが有毒である。

ハシリドコロ（ナス科）

埼玉県秩父の山中で見かけた。日当たりの良いところを好んで生えている。新芽は茶色で成長につれて緑の葉をつける。花は暗紫紅色で、ツリガネのように下向きに咲く。見るからに毒々しい感じのする植物である。ハシリドコロに似た山菜はないので、単に興味本位で採取しないこと。食べると狂ったように走り回ることからハシリドコロと言われている。全体が有毒だが、根が特に毒性が強い。

ヤマウルシ（ウルシ科）

タラの芽に新芽の生え方が似ている。

樹液が肌につくと、じんましんのような痒みが出るので、近づかない方が賢明である。

アケビ

少年時代はキノコ狩りと合わせてよく採りにいき、紫色に完熟したアケビは山のごちそうであった。高い木にツルがからみついて、ぱっくり割れて皮の中に実がつまっているのが見えるのに採れなくて、悔しい思いもした。

新潟と長野の県境の日当たりのよい山道で、2人組の女性がなにやら採っている。見るとアケビの新芽であった。とても小さいので、袋いっぱいにしようと思ったらかなり根気のいる作業である。

アケビの新芽を、さっと茹で、水にさらしてアクをぬき食べると、ほんのりと苦味もきいておいしい。袋いっぱいに収穫した新芽は茹でるとこぶし分くらいになってしまう。

時期になると、山間のホテルや旅館などで小鉢に出されることがある。採りに歩く人が少ないのと、収穫そのものが少ないので、割にあわないようだ。アケビの新芽を胡麻和えや白和えで食す機会があれば、それはラッキーだと思う。高級珍味である。

アケビの実は種がびっしり入っていて、甘くておいしい。それだけではなく、その分厚

い皮の部分を天ぷらにすると、とろりとする食感と苦味がきいておいしい。

第2章
無農薬栽培のむずかしさ

無農薬での野菜づくりは簡単ではない。害虫被害、鳥に食べられたり、ミミズをごちそうにしているモグラに畝のなかを空洞にされて、水分がいきわたらなくなったり、大雨で水分が多すぎて根腐れしたり、雑草のほうが成長しすぎて野菜の生育が悪くなったり、とにかく手間はかかる。

私の栽培している野菜について、その特徴と栽培の方法など説明していく。

ニンニク（ユリ科）　漢方名：大蒜（ダイサン）

9月頃、種にする球根を1片ずつ植えていく。害虫は寄りつかないが、玉葱や長ネギと同様、水に弱い。台風などの大雨で、根腐れがおきて消えてしまう。

球根は丸みの形であるが、数個の3角形の根塊となっている。種類によっては、玉葱のように1球体のニンニクもある。

殺菌力が強い。だからといって多量を生食すると胃を痛めることがあるので気をつけたい。ガーリックオイルは12万倍に薄めても殺菌力が持続するらしい。

殺菌、血管を広げる、ビタミンB_1の吸収率を高める、風邪、滋養強壮、冷え性、ガン化予防、高血圧、高脂血症、気管支炎、喘息、頭痛、鼻づまり、悪寒、腹痛、慢性下痢、解熱に良いと言われている。

ニンニクの薄皮をむき、根元を少し深めに切り落としたものを35度の焼酎につける。好みで砂糖やはちみつで甘味をつける。年数をかけて熟成させると飲みやすくまろやかになる。6カ月ほどでにんにくのエキスはお酒のほうにしみ出ているので、薬効は見込める。

ニラ（ユリ科ネギ属）

多年草。葉の長さは30センチくらいだが、根の方もかなり深くひろがっている。畑のへりに植えて、畝の形が崩れないようにしている。害虫もよりつかず、鳥害もないため手間もかからず、水にも強いようだ。生命力が強く、根も分割しながら増える。

8月頃、白い小さな花を咲かせて秋には種をまき散らして増えていく。

4月頃から、根元から切り取って食べられる。茹でおひたしがおいしい。その上に卵の黄身をのせるとさらにおいしい。他にもレバニラ炒め、餃子の具など用途は多い。

ニラは今では年中スーパーに出回っている。すぐに火が通るので、料理の際は火を通し過ぎず、半生程度であとは余熱で充分である。一度、根元から刈りとっても、また生えてくる。生命力が強く、薬効成分も多く含まれている。

血流促進、血栓予防、生理痛、健胃、整腸、便秘、足腰の衰え、冷え性、精力増進、血圧降下、抗菌、抗カビ（水虫）、頻尿、消化促進に良いと言われている。

シソ（シソ科）

漢方名：蘇葉（ソヨウ）　シソの実　漢方名：蘇子（ソシ）

青シソと赤シソがある。いずれも生命力は強いが、大雨には弱い。根元が水浸し状態になると、助からない。ニンニクもニラもシソも害虫を寄せ付けないので楽な野菜である。毎年種をまき散らしているため、たくさん生える。

赤シソは梅干用に用いる。その場合は葉をよく洗い、塩もみをする。黒色のアクが出てくるので、葉をよくしぼってアク汁を捨て、水洗い後よく水気を絞り、このシソに梅をつけている時に出る梅酢とあわせる。鮮やかな赤色の液ができあがる。これを葉とともに、梅に戻す。梅漬けにはかかせない赤シソである。赤シソは青シソより遅く生えてくる。

青シソ酒は、茎ごと根元から切り取り、よく洗ったあと逆さまに吊るし干しする。水気がなくなったら、35度のホワイトリカーにつける。好みで砂糖やはちみつで甘味をくわえてもいい。

シソの実は塩漬けにして温かいご飯にのせて食べるとおいしい。

解毒、健胃、咳、頭痛、風邪、解熱、胃もたれ、貧血、吐き気、慢性気管支炎、アレルギー、脳卒中、動脈硬化に良いと言われている。

ピーナッツ（落花生）　漢方名：長寿果

落花生は体にいいと言われているため、毎年植えている。前年、前々年に植えた場所は避ける。同じ場所に植えると、良く育たなかったり、収穫もわずかになってしまうからである。なお、私の畑では落花生にはほとんど害虫がつかず、大雨による冠水にも強くて腐ることがなかった。また、葉が広がるため、雑草対策にもとても有効である。

豆を中華鍋でカラカラと煎る。殻つきのまま、圧力鍋で蒸すこともある。20分くらい蒸すと、やわらかく仕上がり、おいしくいただける。砂糖を加えて煮ると金時豆のようにいただける。他に煮物にくわえてもよく、蒸しピーナッツを冷凍保存しておいて様々な料理に使っている。

ピーナッツを食べすぎると太る、と心配する方も多い。45％が脂質であるが、そのうち

80％は不飽和脂肪酸である。

老化防止、中性脂肪をおさえる、コレステロール値を下げる、血管の老化、高血圧、皮膚のかさつき、動悸、不整脈、息切れなどに良いと言われている。漢方名で長寿果となっていることからも、常食（毎日５～６粒）することで病にかかりにくい体質を保てると考えられている。

ヤブラン　漢方名：麦門冬（バクモンドウ）

鑑賞用に畑の側に植えている。土手が崩れないようにということもあり植えているが、とても有効な薬草でもあるようだ。

７月頃、スッとのびた茎に細長く小さな花を咲かせる。秋に濃い紫色の丸いブドウにも似た実をつける。

痰きり、咳止め、動悸、息切れ、がん、コレステロールを下げる、抗酸化、アルツハイマーの進行抑制に良いと言われている。

ギンナン（銀杏）　漢方名：公孫樹

ギンナンの木が実をつけるまでには数十年かかると言われる。木、そのものに油気が少ないので、薪としてストーブなどで燃やそうとしても燃えにくい。街路樹やお寺の墓地によく植えられているが、火災の時の延焼を防ぐために植えられたものと思われる。

私の畑の横にはいちょうの大木が3本植えられていたので、たくさんのギンナンをひろうことができた。残念なことに最近切り倒されてしまった。

茶碗蒸しにはかかせない食材である。薄緑色で、シコシコした食感が楽しめる。

中華料理は芝エビとギンナンの塩炒めが絶品である。エビのピンクにギンナンの薄緑色がとても色あざやかである。ギンナンの実は匂いもあり、嫌って近寄らない人もいるが、その薬効は大きい。

結核、ブドウ球菌などの細菌類の抑止、コレステロールを下げる、夜尿症、頻尿、強壮、腎臓、気管支ぜんそく、めまい、吐き気、頭痛に良いと言われている。

食べ過ぎると中毒になることもあるので、1日5〜6粒を目安にしたい。

ショウガ

前年のショウガを種として、4月中旬ころに、ショウガの芽（へこみの部分）を上にして植える。害虫の心配は皆無である。芽が出てくるまで肥料はやらず、芽が出て成長し始めるころに、ヌカ、牛糞、化学肥料を施す。

ショウガは主菜にはならず、もっぱら脇役として調理されることが多いが、肉の臭みを消すとか、とくに中華料理ではかかせない食材である。

殺菌、冷え性、吐き気、血行促進、神経痛、関節痛、下痢、風邪、鼻づまり、頭痛、咳、食欲不振、血中コレステロールの減少、心臓病、疲労回復に良いと言われている。

ゴマ　黒ゴマ（食用）白ゴマ（ゴマ油採取用）

食材としてもそうだが、薬効がすぐれている。

毎年同じところに植えないこと。2〜3年休ませたほうが、収穫が多く見込めるからである。害虫の被害は数本あったが、収穫には影響がなく、失敗したことがない。大雨にもたえて、背丈も2メートルくらいになり、たくさん実をつける。

ゴマは主菜にはならないが、ふりかけたり、あえたりと用途は多い。手間がかかるが、ゴマ豆腐にしてもよい。

ミネラルが多く含まれる。老化防止、血液増加、美肌効果、血管を丈夫にする、皮膚のかさつき、髪、疲労回復、生理不順、中性脂肪の減少、爪がもろくなるのを防ぐ、精神の安定、貧血に良いと言われている。

キクイモ

珍しく種イモが手に入ったので植えてみた。虫は寄り付かず、水にも強い。2メートルを超すほど背丈がのびる。初秋に、素朴な黄色い花を咲かせる。

親指ほどのイモがたくさん採れる。イモの皮はツルリとして、洗うのは簡単だ。肉じゃが風に煮て食べたが、イモ自体がやわらかすぎて、べちゃっとした食感になってしまう。この淡白な味のキクイモの調理方を考える必要がある。

天然のインスリンと言われており、糖分の吸収を遅らせる働きがあるとも言われている。

ネギ

毎年植える定番野菜である。以前、さび病にやられたことがある。風が菌を運んでくるようだ。害虫などの被害はない。

ネギは非常に水に弱く、近年の台風による大雨でほとんど死滅してしまい、1割残ればいい方である。秋頃から食べられるが、冬の霜の降りる頃のネギは特別おいしい。

ビタミンB_1を含む食品には、豚ひれ肉、ウナギ、タラコ、ゴマなどあるが、硫化アリル（ニンニク、タマネギ、行者ニンニクなどと同じ成分、ツンとくる香り成分）を多く含むネギと一緒に食すると、糖質のエネルギー化を促すという。

疲労回復、風邪、肩こり、発汗、利尿、不眠、関節痛、神経痛、リューマチ、頭痛、急性胃腸炎、下痢、冷え性、はしか、血尿、嘔吐、血流循環の改善、悪性菌の抑制に良いと言われている。

ナス

ナスは毎年かかさず植えている。ナスを育てるには多めに肥料を施すのだが、この肥料に集まってくるのがミミズである。ミミズはモグラにとってごちそうであり、ナスを植えている畝の地中がトンネル状態になっていることがしばしばある。植えたばかりのナスは根が短いので、水分や養分の吸い上げが悪くなり、成長がすこぶる悪い。

葉の方にはイトウガによる食害が発生する。葉に無数の穴があいて食べられてしまっている。表裏をよく見ても、害虫を発見したことが一度もない。このようなナスはできても形が悪いのだが、それでも毎年植えていたのは、家人がしょっちゅう口内炎で口の中があれ、食べ物を口にいれるのがつらい時、ナスの味噌汁ですぐに治ってしまうからである。

ナス料理はたくさんあってどれもおいしい。東北地方ではナスと鯨の味噌汁がよく食される。鯨肉は高価でなかなか手に入らない。麻婆ナスや焼きナスもおいしい。

がん抑制、血管、動脈硬化予防、活性酸素の抑制、血栓、高血圧、体内脂肪の酸化防止、関節炎、肝炎、痔、腹痛、腸内出血、咳、喉の痛み、下痢、尿の出をよくする、解熱、血液の停滞改善に良いと言われている。

タマネギ

9月ころに苗を植えると、翌年の6月頃、茎が根元からポキリと折れるようになる。この頃が、球根であるタマネギが太った収穫の時期である。球根類は雨に弱いが、害虫被害は少ない。

カレー、肉ジャガ、牛丼などには欠かせない。生をスライスすると辛いが、この刺激が薬効成分である。また、皮は煮出してお茶代わりに飲むのもよい。

水銀、鉛、PCBなどの有害物質の排出、脳卒中、高脂血症、悪玉コレステロール減少、血小板凝集抑止、疲労回復、食欲不振、動脈硬化、糖尿病、新陳代謝、心臓病、不整脈、脳血栓、下痢、リュウマチ性関節炎に良いと言われている。

ハクサイ

新芽が出て葉がはえはじめると、害虫、モグラとの戦いである。防虫ネットを張っても白い蝶が卵を産み付け、あっという間に食べられてしまう。しかし農薬を散布したきれいなハクサイには虫も寄り付かないのである。ほとんどが水分でカリウム、カルシウムなどのミネラル分を含んでいる。クセのない野菜なのでどんな料理にも使われる。

オススメは「辛白菜《ラポウサイ》」（おめでたい宴会での料理の前菜に出される）。

作り方

①白菜を細くたてにすじ切りにして1～2日干す。

②塩漬けする。水があがってきたら水洗いして塩分を完全に抜く。

③平たく並べておく。

④ゴマ油にタカの爪（細切り）を入れて火にかけゆっくり加熱する。

⑤タカの爪がちぢれてきたら火を止め、酢を入れる。

⑥砂糖を加えて再び火にかける（甘酢状態に）。

⑦強火にして、アワが吹き上がったら③の上に一気に注ぎかける。

⑧冷めたらでき上がり。

キュウリ

地中ではモグラ、地上ではウリハムシの害にあう。ウリハムシは防虫ネットで侵入を防ぐものの、収穫時にネットを外すと襲ってくる。動きは鈍いが葉の裏に隠れたり、地面に落ちて逃げる。こんな小さな虫にも脳みそがあるようだ。

サラダ、ピクルス、たまり漬けもおいしい。ぬか漬けにするとビタミンB_1が10倍ほどに増え、疲労回復にも役立つと言われる。皮をむいたり、ツルの付け根が苦いと捨てられたりするが、ここにも薬効成分が含まれている。

90%が水分であるが、ククルビタミンCには抗がん作用があると言われる。またツルには高血圧降圧作用、その他、利尿作用、黄疸、腎臓病予防に良いと言われている。

キャベツ

キュウリ、ハクサイ同様、害虫とモグラに悩まされる野菜である。蝶、鳥のオナガも食べにくる。農薬を使わない野菜は動物にとってもごちそうなのである。

私は20代の頃、胃潰瘍を患い、手術を勧められたが入院もせず、市販薬で治した経験がある。消化に良い食事を心がけ、お腹を冷やさないようカイロを使用した。市販薬はキャベツから抽出したものであった。

料理では、回鍋肉が定番である。豚ばら肉とキャベツを、ニンニク、ショウガ、タカノツメ、スープ、砂糖、味噌で味付ける。キャベツのサクサク感と甘さが生きてご飯が進む。

胃、十二指腸内の潰瘍、肌荒れ、疲労回復、心臓、血圧降下に良いと言われている。

トマト

ナス科でいわゆるナスと同類である。なるべく前年に同類を植えた場所には植えない。トマト、ナス、キュウリ、ジャガイモの類も同じ（兄弟、親族結婚のようなもの）であり、避けた方が無難である。

以前、トマト畑の隣の畝にジャガイモを植えたことがある。トマトは木の上部に実をつけて、ジャガイモは地中内にできるのだから大丈夫と考えた。双方花が咲き、ジャガイモの花が受粉した。ところがある日ジャガイモの木に青い実が付いている。割ってみるとトマトで、味は苦みが強い。

トマトには害虫が寄り付かない。トマトの木が育つにつれて、葉の付け根から側枝が生えてくる。下からすべての枝を取り除き、これを地中にさしこんでおくと、根を張って立派なトマトの木に成長する。キュウリ、ナスは下から5段までの側枝を取り除くとよい実が期待できるのだが、トマトのように地中に挿し木のようにしても根付かない。

トマトが実を付ける頃は、水をやらない方が甘くなる。ある専業農家に見学に行ったら、トマトの木が枯死寸前のようであった。しかし実はとても甘く、酸味もほど良く美味しい。生食が一番だが、料理範囲はとても広い。

抗酸化、高血圧、糖尿病、肥満、胃もたれ、胃炎、胸やけ、便秘、眼底出血、微熱、食欲不振、腎炎、鼻血、味覚異常、喉の渇き、ほてり感、がん、血圧降下に良いと言われている。

アズキ

私は好物のアズキだが、害虫の被害でほとんど収穫は得られなかった。どのような虫なのかいまだに不明。葉もボロボロに食われ、収穫期に入ってサヤが茶色に枯れてしまった。かっけ、肝臓、皮下脂肪の増加抑制、便通改善、悪玉コレステロール排除、利尿、細胞活性化、炎症防止、慢性肝炎、尿路結石、膀胱炎、心臓病、腎臓病、肝硬変、黄疸予防にも良いと言われている。皮にも薬効成分が含まれている。

ゴボウ

数回植えて観察したところ、害虫の心配は皆無。水にすこぶる弱い。有機肥料ばかりで育てるとタコ足状態に育ってしまう。

種まき後、葉が4～5枚の頃に株の間隔を4～5センチに空ける。この間引きした若いゴボウは風味、味も良いので捨てがたい。

東北地方では秋の米の収穫後に、「キリタンポ鍋」の宴会が恒例である。これに欠かせないのがゴボウである。泥を洗い落とし皮はむかない。鍋を火にかけ、そぎ落としたゴボウを入れる。水で晒さないのが味の決め手。比内地方の放し飼いで育てた鶏のコクのある出しは特筆ものである。里芋、セリも根ごと入れる。

キリタンポの作り方

新米を炊いて半殺し状態に練り潰す。これを四角い「杉の木」串に串が中心になるように巻きつける。竹輪をイメージするとよい。これを炭火でこんがりとキツネ色に焼き、串から抜いて適当な大きさに切って鍋に入れる。秋田自慢の一品である。

腸内環境の改善、抗酸化、血糖値の改善、大腸がん予防、動脈硬化、脳梗塞、心筋梗塞などの予防、解毒、解熱、のどの痛み、咳を鎮めるのに良いと言われている。

ジャガイモ

毎年同じ畝には植えることができず、3年間隔にしている。根切り虫は寄り付かないが、水には非常に弱く、台風が多い年はほとんど根腐れで枯れる。春がダメな時は秋に植える。有機肥料を施すとミミズが寄ってきて、当然モグラの襲来となり、畝がトンネル状態に。そしてイモの育ちは悪くなる。

野菜としてはあまりにも身近で料理法もたくさんあるため、ここでは割愛する。胃、十二指腸潰瘍、扁桃炎、膀胱炎、皮膚炎、湿疹などに良いと言われている。

モロヘイヤ

生命力の強い野菜のようである。害虫被害は少々あるが、成長に勢いがあるためどのような害虫か発見していない。たまに葉が食べられて網のようになっている。

柔らかい部分を茹でておひたしにするとおいしい。モロヘイヤは冷凍保存しても新鮮さが失われない。糸を引くようなねばり成分はムチンで、水溶性食物繊維と呼ばれる粘性多糖類の一種。水分を含むと膨れることから、排泄を助け、便秘や食べすぎを防ぐ効果がある。膝関節痛に効くようだ。

ガン予防、美肌や老化防止、糖尿病予防、血中コレステロールの低下、動脈硬化、眼病、骨の強化、骨粗しょう症予防、血圧降下に良いと言われている。

カボチャ

雑草除けとして毎年植えている。防虫ネットをかけても害虫のウリハムシの食害が猛烈で葉がぼろぼろになる。茎の方はサクサクとした食感がフキのような感じで食べられるが、葉の方に養分があるのかもしれない。虫や動物は害のある野菜は食べないのである。

カボチャやキュウリの葉に「うどんこ病」が発症する。虫が運んでくるという説もあるが、厄介な病気で葉に白い粉をふりかけたようになっている。実をつける野菜は葉にダメージを受けてしまうと収穫は期待できない。

私は、カボチャを食べているとガンになりにくいとした説を信じて毎年植えている。形が悪いものは蒸してつぶし、生クリーム、バター、砂糖を加えてパンプキントン風に作る。冷凍保存してしても味にかわりはない。

ガン予防、美肌や老化防止などに良いと言われている。種も抗酸化力が強く、栄養も豊富なのでおやつ、おつまみとしてもお勧めである。

モロコシ

モロコシは種類も多く改良も進んで美味しさではどれも甲乙つけがたい。イネ科であるため水には大変強く、30センチくらい冠水しても枯れたことはない。雄花が咲くころに害虫のアワノメイガ、アワヨトウなどが飛来し卵を産み付ける。コガネムシ等の幼虫も茎の中に入り込んで雄花や茎を食い荒らし、実の方にも入ってくる。普段は見かけない虫だが、相当嗅覚に優れているようである。虫の嗅覚に感心している場合ではない。モロコシは100本植えても、まともに育つのは1割くらいである。

虫が毒味しているから人間が食べても安心なのがわかる。実が熟す前に釣り糸のテグスをぐるりとめぐらさないと鳥害にやられてしまい、おまけにカラスも呼び寄せてしまう。

腎臓病、黄疸、胆道結石、血圧降下に良いと言われている。

モロコシのひげは南蛮毛として薬に用いられている（漢方薬「ギョクベイシュ」）。お茶代わりに飲むと利尿効果が作用し、むくみをとると言われている。

ブロッコリー

アブラナ科。栄養価に優れていて発がん抑制があると言われている野菜である。苗を植えたらすぐにネットで虫を防いでも、すき間から蝶が侵入して卵を産み付けられる。夜は葉の裏に隠れているが、日中になると出てきて食い荒らす。根っきり虫は野菜が必要なミネラルなどの栄養分を地中から樹液として吸いとり、成長する贅沢な虫である。抗がん作用、解毒、デトックス、抗酸化、骨粗鬆症、動脈硬化予防に良いと言われている。

コマツナ

コマツナの隣にホウレンソウの種を同時にまいてみた。鳥や虫がどちらの野菜を好んで食べるか観察するためである。大きく育つにつれて集中的に食い荒らされたのはコマツナである。この時、ホウレンソウは食害に遭わず成長した。

コマツナはお浸し、油いため、特に胡麻和えやクルミ和えにするとさらに栄養バランスが良くなる。採り残したものを間隔を30～40センチにしてさらに育てると3月中旬頃に菜花が収穫でき、これも美味である。

最初の1本（中心部）をとると、2番目の側枝が10本以上生えてくる。これをとるとさらに3番目の側枝が生えてくる。次々と側枝を食べることができ、長期間収穫できる、ありがたい野菜である。

骨粗しょう症予防、貧血、肥満、デトックス、血行改善、肩こり、冷え性、動脈硬化予防、免疫力アップ、活性酸素をおさえるのに良いと言われている。

ミョウガ

初夏に芽を出して生えてくる「ミョウガタケ」と花芽のつく直前の花蕾の香りと辛みを

楽しむために畑の側隅に植えてある。地下茎で増えるため、外の野菜畝にまで進出してくる。害虫被害は皆無だが水に弱い。台風の大雨などではほとんど消えてしまう。ゆるい南斜面で水はけの良い条件地で栽培できれば高収穫が可能である。ほとんど手間いらずの野菜といえる。

辛みも余り強くないため、子どもでも食べられる。少年期に親から、「あまり食べると物忘れがひどくなり、学校の成績が悪くなる」と言われたが、本当かどうか定かではない。

冷奴の薬味も良いが天ぷらが美味しい。風味も香りも味わえる。軽く塩漬けにしてから梅漬けの液にからませて保存も良いが、やや風味は落ちる。ぬか漬けもおいしい。茹でてお浸し、油いためも。東北地方では味噌漬けにして長期間食べている。シャキシャキ感が楽しめる。

冷え性、便秘解消、ホルモンバランスを整える、月経不順や生理痛、更年期障害、食欲増進、消化促進、風邪予防、発汗、呼吸、血液循環改善に良いと言われている。

ニンジン

昔から栄養が高いとされ、欠かさず植える野菜である。害虫はまったくないが水に弱く、冠水が3日も続くと全滅してしまう。

昭和20年頃のニンジンはクセがあってなかなか食べにくかったが、最近のものは食べやすく改良されている。カレーには必須。

肺がん、すい臓がん予防、動脈硬化、心筋梗塞、悪玉コレステロールの低下に良いと言われている。

ダイコン

アブラナ科。毎年ジャガイモの収穫後に種をまいている。これは専業農家の説によるとジャガイモの残した肥料で育つのでダイコンにあまり肥料を施さないでよいという。私の経験では、たこ足状態のダイコンばかりでまともなのは育たなかったが、一方、有機肥料だけでつくるとタコ足になるという説もある。化学肥料はバランスよく、窒素、カリ、リン他が配合されているため、野菜も肥料の吸収が高まるようだ。ダイコンの半分は茎で下部の半部が根である、という説もある。

冬の霜の降りる頃、大根自体は地表から飛び出しているが、葉の方は地面を覆うような形態が見られる。推測だが多分、地表に飛び出しているダイコンが凍らないようにかばっていると考えられる。日光が出て暖かくなると葉は上向き、バンザイ形になっている。確かに葉は日光を取り入れたいのであろう。

ダイコンの葉は小さなアブラムシが食い荒らす。鳥は寄り付かない。昭和20年代、東北では冬場にタクアンを漬けたり、ナタ（木の枝を切る刃物）漬けという漬け物がある。分厚い刃のナタでダイコンを厚めに削ぎ切りすると、切り口がギザギザになる。これに麹と塩を加え重石を乗せて数カ月。食べ頃は正月。ダイコンの甘さプラス麹の甘さが相まって美味しい漬け物となる。正月頃には一段と冷えて、漬け物樽の重石蓋の上にダイコンのつけ汁があふれてくる。その汁が凍るとそれを割って漬け物を取り出すのである。発酵が進むにつれ酸味が出てくる。これも美味しい。

ダイコンの葉は干して冬の野菜不足に備える。干し葉は茹でて、水でもどしてみそ汁の具や煮付けに利用する。クセもなく手べやすい。

あるとき母親から、「お前、学校の成績が落ちたな」と言われた。即、反論した。「毎日毎日、こんな葉っぱの味噌汁ばかりで成績が良くなるわけがないよ」と。母は黙ってうつむいていた。私は大根葉に大変な栄養があるとは知らず、とんでもないことを言ってしまい、未だに悪いことを言ったと後悔している。

消化促進、胃酸過多、胃もたれ、胸やけ、便秘発がん抑制、抗菌、毛細血管の強化、動脈硬化、脳血管障害に良いと言われている。

ウメ

梅干や梅酒用に梅の木を植えてある。畑仕事や山菜取りで汗をかいた後の疲労回復に梅漬け一粒は効く。疲労が重い時ほど効果がはっきりわかる。

梅漬けの作り方

それぞれの家庭で秘伝があると思うが、目安としてウメ４kg（ヘタは取り除く）、粗塩８００g(塩分が気になる方は調整を。ただしあまり減らすとカビが出る)、焼酎１５０cc。カメを用意し水気を完全に切った梅を入れ、焼酎をかけ、塩も全体に混ぜ合わせる。中蓋を置きその上をビニールなどで水気が入らないように覆う。さらに重石を乗せ白梅酢が上がってくるのを待つ。

次に赤じそを用意する。しそは洗って半日ほど蔭干し、塩をまぶしてしんなりしたら軽くもむ。汁を絞って捨てる。白梅酢にこのシソを入れてよく混ぜ、色が赤くなったら軽くしぼり汁は捨てる。このシソと梅液をカメに戻し再び重石を乗せる。梅としそが交互になるように入れていく。梅漬けを日光に干すと梅干。梅が黄色に熟したらジャムにするのも良い。梅液は水虫や真菌（カビ）、かゆみを伴う皮膚病に抗菌作用があるので保存しておくとよい。

昔から梅漬け、梅干しは常備薬とされていた。携帯するには梅干の方が良い。中には数十年漬けのものもあるようだ。年数がたつほど酸味が強くなくまろやかで食べやすい。

疲労回復、殺菌、抗菌、下痢、食あたり、胃腸病、アレルギー、嘔吐、風邪、口内炎、肩こり、冷え性、乗り物酔い、胸やけに良いと言われている。

ただし生の青梅は昔から食べてはいけないと言い伝えがある。それはアミグダリンという成分のためで、それが体内にある酵素と反応することでシアンという危険な物質に変化する。微量であるので実を食べただけで重症化の恐れはあまりないが、避けるに越したことはない。青梅の種子にも、また実が小さいが多く含まれているというので注意をしたい。

子どもの頃、風邪をひくと梅干を真っ黒に焼いてそれを煎じた梅干湯を飲まされた記憶がある。それが効いたのかどうかわからないが、今でも風邪、下痢、冷え性に効果があると言われている。

里イモ・八つ頭・竹イモ

私の畑は低地であるため、台風シーズンには決まって冠水する。10日くらい冠水しても里イモは生き生きとしている。水気の多い年は特に収穫が多い。しかし八つ頭は里芋の半分くらいの収穫である。竹イモは群馬で種イモを仕入れて植えてみた。地表にビール瓶のようにニョキッと育つ。皮はとてもむきやすい。味はクリーミーで甘みもある。親イモの脇に小芋が数個くっついている。

里イモはやわらかい食感を好む人が多いようだ。茎が若々しく成長期にはイモのぬめりで手が猛烈に痒くなる。霜の降りる頃になると、茎も枯れる。その時期から美味しくなる。里イモの親イモは食べない人が多い。ガリガリと固く味も悪いからだ。

八つ頭イモは親イモが美味しい。甘みも申し分なくクリーミーな食感を味わえる。いずれのイモも５月頃植えて、収穫は11月頃から翌年の１月に掘る。なんと７～８カ月も地中で養分を吸い上げて成長しているのであるから、薬効成分も含まれているはずである。

免疫力を高める、高血圧予防、疲労回復、食欲増進、便秘やむくみの緩和、免疫力向上、肌荒れに良いと言われている。

ノビル

ユリ科。繁殖力がすごい植物で畑の空き地に生えている。いつの間にか畑に侵入してどんどん増えて困ることもしばしばである。小さく白い球根で球根自体も分割繁殖で増える。葉は細長く、夏に花茎がすっと伸びて白い可愛い花を咲かせる。花が終わると小さな球根を周辺にまき散らす。ノビルの生態系は、「自然薯」と同じように花を咲かせて実をつけ、それを周辺にまき散らせる。ニンニクにもそのようにして球根をつけたものもある。

4月頃掘って味噌をつけて食べるが、辛みがすごい。ツンとした辛みが鼻を刺激し、口の中いっぱいに広がる。舌もヒリヒリするほど辛い。それが10秒以上続く。煮ると玉ねぎのような味になる。「良薬は口に苦し」というが、ノビルはまさにそれである。

免疫力強化、疲労回復、代謝促進、細胞の老化防止に良いと言われている。

ラッキョウ

ユリ科。ネギ属。水に弱いが害虫は寄り付かない。９月頃に植えて、１〜３月に追肥すると６月頃、収穫となる。台風の大雨ですべて枯れたことがあり、それ以来６月頃、掘るようにした。

酢漬けにして毎日３〜５粒常食すると、健康増進に効果があるようだ。ラッキョウは畑の薬とも言われている。

その効能は独特のにおいの中にある。においの元は硫化リアルという物質で、ビタミンB_1の吸収を通常の７倍にも高めてくれるようだ。血液サラサラ効果、腹痛、下痢、抗がん作用、殺菌効果、狭心症などの胸の痛み、血便を伴う急性腸カタルや慢性胃炎、風邪による咳やたん、神経痛に良いと言われている。

ダイズ

枝豆との収穫をめざして植えるが、一度も満足に採れたことがない。アズキと同じでアブラムシの襲来がすごい。これらを食べてくれるカマキリやニホントカゲ（カナヘビ）なども見かけるが、虫にはかなわない。運よく花を咲かせ約5センチほどのさやを付けても、中に2粒も豆が入っていればよい方である。豆の種類は黒、茶色（一般的な豆）、緑色は味も良い。

味噌、醤油、納豆、豆腐の原料で、大豆油も搾油している。油を搾った残りは家畜のエサとなるか畑の肥料となる。ダイズは捨てるところがない。

東北地方では秋に自家製の味噌作りが始まる。大形の蒸籠でダイズを蒸し、ミンチで練り状にしあげ、塩、糀を混ぜて空気が入らないように施し、重石を乗せて発酵を待つ。純粋な味噌はおにぎりにしても美味しい。山形県鶴岡地方には「ダダ茶豆」がある。やや平たい「ズンダモチ」がある。青大豆を蒸してつぶし、もち米を蒸かして半殺し（半練り状に杵でつく）。アズキ餡でくるんだおはぎと連想すれば分かりやすい。この青大豆は風味もコクもあり、申し分のない美味しさである。

私の実家では納豆を作っていた。ワラを束ねその中に蒸したダイズを温かいうちに入れ、温めておくと5日もすれば糸引き納豆ができる。塩、醤油、味噌と合わせて食べる。ただ、温度やその他の理由で失敗することもあり、そのできそこないはまずい。ダイズを発酵させた食品は一段と薬効成分が増えるようだ。

肥満防止、肝臓病、動脈硬化、コレステロールを下げる、整腸、疲労回復、貧血、胃炎、胃潰瘍、血中の老廃物の除去、血管を丈夫にする、骨粗しょう症予防に良いと言われている。

クワ

クワ科。これは植えたわけではなく、もともと桑畑のあとを畑として使っているため、数本生えているものである。非常に生命力の強い木で、枝を切り落としてもそれがひと月くらい生きている。挿し木にすると芽を出すほど強い。蚕のエサにも利用されている。木は雌雄に分かれていて黒紫色の実をつける。子どもの頃、たくさん採って空の弁当箱に詰め、口や手を紫色にして食べながら帰ったこともある。舌まで紫色になる。

春の若々しい黄緑色の若葉の天ぷらは甘みもあってとても美味しい。光沢のある絹糸をつくり出す蚕には欠かせない栄養価も薬効成分も期待できそうだ。

和漢生薬名は桑白皮（ソウハクヒ）といい、クワの根皮を使用した漢方で冷え、利尿、血圧降下、血糖降下作用、解熱、咳止め、気管支炎、美白効果に期待できると言われている。根皮を乾燥させて抽出したエキスには発毛促進作用もあると言われている。

クワの実を35度の焼酎に漬けた薬味酒も薬効の効果大という。

アロエ

漢方名はロエ。わが家の常備生薬として50年以上育てている。毎日5センチくらいを常食とし、3年続けると寿命が20パーセント延びるという説を信じて試したが、毎日続けるのは困難である。

しかし風邪で発熱、お通じが出ない時などに太めのアロエを５センチほど噛み砕いて飲み込むと効きめが現われる。苦いので味覚が分からないうちに飲み込むのがコツ。

便秘、健胃、胃潰瘍や十二指腸潰瘍の予防、整腸作用、発がん性物質の抑制、抗炎症効果、美肌効果に良いと言われている。ただしアレルギー体質の人、妊婦や生理中の女性は要注意である。

朝鮮ニンジン（栽培研究中）

以前は長野県上田市別所温泉に近い前山寺周辺の農家が栽培していた。聞くところによると、朝鮮ニンジンを植えた土はその後、数年間、何を植えても育たない、と聞いている。

栽培中の朝鮮ニンジン畑は真っ黒いすだれのようなもので覆い、日差しを遮っていた。直射日光を嫌うと言っていた。秋が収穫期と聞いて購入するために、この農家に数回足を運んだ。ニンジン酒をつくるためである。地元で朝鮮ニンジン酒を買うとびっくりするほど高値であった。

朝鮮ニンジン酒の作り方

ニンジンを洗って適当な大きさに刻み、35度の焼酎に漬けるだけである。好みによって蜂蜜、氷砂糖を加える。朝鮮ニンジンと薬効が同格と考えられるのがアマドコロの球根やナルコユリの根である。しかもこの2種類で薬種を作って飲んでみると、朝鮮ニンジン酒と風味が同じようで飲みやすい。

今回仕入れた朝鮮ニンジンの苗は埼玉県吉田町の「道の駅」で購入。1本130円。販売員に栽培方法をたずねたがほとんどわからなくて、「家屋の軒下が良いと思います」という返事が返ってきた。苗を出荷した業者に聞くのが一番良いのだが、「道の駅」販売員は出荷業者を知らないようだった。

あとがき

本書は山菜、および無農薬野菜などの薬効成分、およびその効果を見込めるものを重点的に記載している。

すでに発病している病が治る、とは考え難いが、日頃食する野菜類には多くの薬効成分を有していることから、病気になりにくい体質を保ち続けられるように、との思いを込めた書である。

医食同源という言葉があるように、病気を治すのも食事をするのも、生命を養い、健康を保つためで、その本質は同じである。とする説からしても、「食」と「医」は同じ目的を有している。医の世話にならず、安全、安心して毎日食べられる野菜類および山菜類においても驚くべき薬効成分を有しているため、日頃の健康保持に役立てていただけたら、一層の喜びである。

【参考文献】

『山渓フィールドブックス（12）薬草』山と渓谷社
『からだに効く食べもの小辞典』主婦の友社
『山菜基本50』　森林書房社
『山菜ガイドブック』永岡書店

著者紹介

桜庭昇（さくらば・のぼる）
昭和13年、秋田県能代市二ツ井町生まれ。
昭和39年、飲食業開業。平成7年まで一貫して安全、安心の食材にこだわる営業。
この間、調理器具に関する省エネ設備を考案。現在「重力利用開発研究所」所長。

おいしい山野菜《さんやさい》の王国《おうこく》

2017年11月9日　第1刷発行

著　者　桜庭昇《さくらばのぼる》
発行者　落合英秋
発行所　株式会社 日本地域社会研究所
〒167-0043　東京都杉並区上荻1-25-1
TEL　(03)5397-1231(代表)
FAX　(03)5397-1237
メールアドレス　tps@n-chiken.com
ホームページ　http://www.n-chiken.com
郵便振替口座　00150-1-41143
印刷所　モリモト印刷株式会社

落丁・乱丁本はお取り替えいたします。
ISBN978-4-89022-208-7

日本地域社会研究所の好評図書

関係 Between

三上宥起夫著…職業欄にその他とも書けない、裏稼業の人々の、複雑怪奇な「関係」を飄々と描く。寺山修司を師と仰ぐ三上宥起夫の書き下ろし小説集！

46判189頁／1600円

黄門様ゆかりの小石川後楽園博物志 天下の名園を愉しむ！

本多忠夫著…天下の副将軍・水戸光圀公ゆかりの大名庭園で、国の特別史跡・特別名勝に指定されている小石川後楽園の歴史と魅力をたっぷり紹介！　水戸観光協会・文京区観光協会推薦の1冊。

46判424頁／3241円

年中行事えほん　もちくんのおもちつき

やまぐちひでき・絵／たかぎのりこ・文…神様のために始められた行事が餅つきである。ハレの日や節句などの年中行事に用いられる餅のことや、鏡餅の飾り方など大人にも役立つおもち解説つき！

A4変型判上製32頁／1400円

中小企業診断士必携！　コンサルティング・ビジネス虎の巻 ～マイコンテンツづくりマニュアル～

アイ・コンサルティング協同組合編／新井信裕ほか著…「民間の者」としての診断士ここにあり！　経営改革ツールを創出し、中小企業を支援するビジネスモデルづくりをめざす。中小企業に的確で実現確度の高い助言を行なうための学びの書。

A5判188頁／2000円

子育て・孫育ての忘れ物 ～必要なのは「さじ加減」です～

三浦清一郎著…戦前世代には助け合いや我慢を教える「貧乏」という先生がいた。今の親世代に、豊かな時代の子ども育て・しつけのあり方をわかりやすく説く。こども教育読本ともいえる待望の書。

46判167頁／1480円

スマホ片手にお遍路旅日記 四国八十八カ所＋別格二十カ所霊場めぐりガイド

諸原潔著…八十八カ所に加え、別格二十カ所で煩悩の数と同じ百八カ所。金剛杖をついて弘法大師様と同行二人の歩き遍路旅。実際に歩いた人しかわからない、おすすめのルートも収録。初めてのお遍路旅にも役立つ四国の魅力がいっぱい。

46判259頁／1852円

※表示価格はすべて本体価格です。別途、消費税が加算されます。